农业转基因科普系列丛书

农业转基因科普知识

百问百答

——政策法规篇

农业农村部农业转基因生物安全管理办公室 编

中国农业出版社

北 京

编 委 会 名 单

主　　编：林祥明

副 主 编：张宪法　宋新元

参编人员（按姓氏笔画排序）：

王　东　　王大铭　　王双超　　王志兴

方玄昌　　田文莹　　毕　坤　　孙加强

孙卓婧　　李文龙　　李菊丹　　杨晓光

吴　刚　　吴　欧　　吴小智　　何晓丹

汪　明　　宋新元　　张　锋　　张　楠

张　璟　　张世宏　　张弘宇　　张凌云

武淑娇　　金芜军　　柳小庆　　姜志磊

洪广玉　　祖祎祎　　顾　媛　　徐琳杰

唐巧玲　　展进涛　　黄昆仑　　寇建平

谢　震　　谢家建

目 录

1

一、概述

1. 什么是基因?

　　基因是 DNA（脱氧核糖核酸）分子片段，它控制生物性状，记录和传递遗传信息。

2. 什么是转基因?

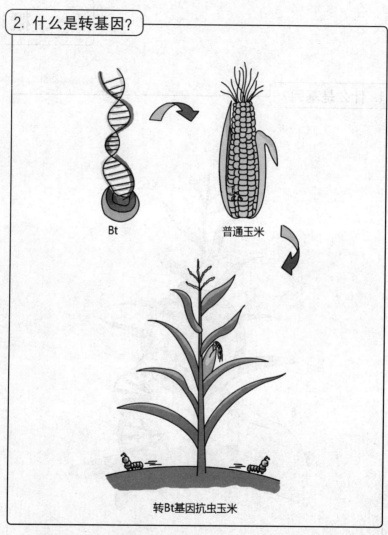

Bt

普通玉米

转Bt基因抗虫玉米

转基因是利用现代生物技术,将某个生物的优良基因,经过人工分离,导入另一个生物体的基因组中,从而改善生物原有的性状或赋予其新的优良性状。

3. 转基因的应用范围有哪些?

转基因的应用领域

食品　　　　　　　环保　　　　　　　医药

能源　　　　　　　农业　　　　　　　林业

目前,转基因应用在食品、环保、医药、能源、农业和林业等领域。

4. 目前全球已经批准商业化应用的转基因动植物有哪些?

转基因植物

转基因动物

　　转基因植物主要有棉花、玉米、大豆、甜菜、番木瓜及油菜等。

　　2015 年,批准了转基因三文鱼的商业化应用。此外,还批准转基因山羊等动物作为生物反应器来生产药物。

5. 我国农业转基因生物包含范围是什么?

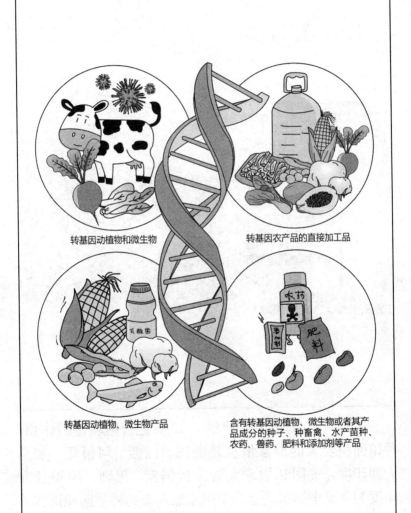

转基因动植物和微生物

转基因农产品的直接加工品

转基因动植物、微生物产品

含有转基因动植物、微生物或者其产品成分的种子、种畜禽、水产苗种、农药、兽药、肥料和添加剂等产品

6. 主要种植转基因作物的国家和地区有哪些？

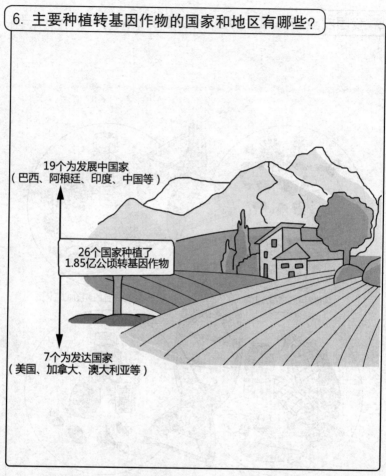

19个为发展中国家
（巴西、阿根廷、印度、中国等）

26个国家种植了
1.85亿公顷转基因作物

7个为发达国家
（美国、加拿大、澳大利亚等）

2016 年，26 个国家种植了 1.85 亿公顷转基因作物，种植面积较大的国家依次是美国、巴西、阿根廷、加拿大和印度，美国和加拿大为发达国家，巴西、阿根廷和印度为发展中国家，这 5 个国家加起来的种植面积达到了全球转基因作物种植面积的 91%。

7. 主要的转基因作物种植情况是什么？

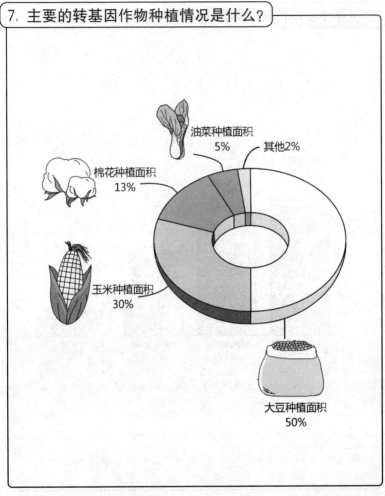

油菜种植面积
5%

其他2%

棉花种植面积
13%

玉米种植面积
30%

大豆种植面积
50%

2016 年全球转基因作物种植面积中，转基因大豆的种植面积最大，为 9 140 万公顷，占全球转基因作物总种植面积的一半；其次转基因玉米为 30%、转基因棉花为 13%、转基因油菜为 5%。

8. 主要作物中转基因类型占种植总面积的比例是多少?

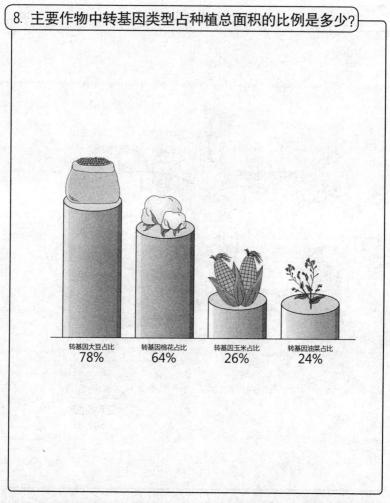

转基因大豆占比
78%

转基因棉花占比
64%

转基因玉米占比
26%

转基因油菜占比
24%

　　从转基因作物占该种作物全部种植面积的比例来看,2016 年转基因大豆占比为 78%,转基因棉花的占比为 64%,转基因玉米的占比为 26%,转基因油菜的占比为 24%。

9. 我国目前批准商业化种植的转基因作物有哪些?

我国目前种植的转基因作物

抗虫棉花

抗病番木瓜

目前中国商业化种植的转基因作物是转基因棉花和转基因番木瓜。

10. 我国目前批准进口用作加工原料的转基因农产品有哪些？

　　目前中国批准进口用作加工原料的转基因农产品有转基因大豆、玉米、油菜、棉花和甜菜五大类。

二、转基因相关的国际组织和相关协议

11. 国际食品法典委员会是什么？

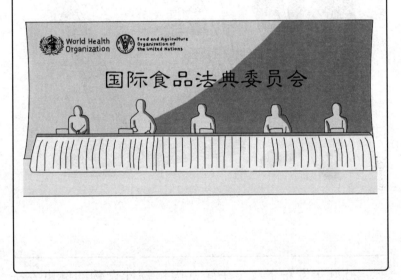

国际食品法典委员会（CAC）是由联合国粮农组织（FAO）和世界卫生组织（WHO）共同建立，以保障消费者的健康和确保食品贸易公平为宗旨，负责制定国际食品标准的政府间组织，已有173个成员国和1个成员国组织（欧盟）。

12. 国际食品法典委员会对转基因食品的安全问题有
什么协议?

2000年

发布了《关于转基因植物性
健康安全性问题》

2003年

通过了3项有关生物技术食品的
原则和准则:
1.现代生物技术食品风险分析原则
2.重组DNA植物食品安全评估准则
3.重组DNA微生物食品安全评估准则

　　2000 年发布了《关于转基因植物性食物的健康安全性问题》的文件。

　　2003 年,通过了 3 项有关生物技术食品的原则和准则,即现代生物技术食品风险分析原则、重组 DNA 植物食品安全评估准则和重组 DNA 微生物食品安全评估准则。

13. 经济合作与发展组织涉及转基因有什么相关文件？

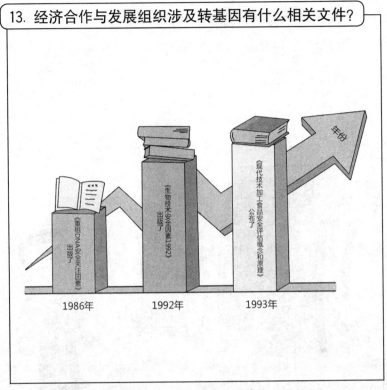

1986 年，出版了《重组 DNA 安全关注因素》，它是经济合作与发展组织在工业、农业、环境方面利用转基因生物的总体安全指南。

1992 年，出版《生物技术安全因素 1992》，进一步明确了有关生物安全的概念和试验安全操作的基本原则。

1993 年，公布《现代技术加工食品安全评估概念和原理》，指出对转基因食品进行安全性评价要遵循实质等同性原则，该原则迄今为止仍然是在食品安全领域得到最广泛应用的准则。

14. 卡塔赫纳生物安全议定书是什么?

卡塔赫纳生物安全议定书

第一个关于有活性基因修饰生物进出口转移的全球性协定。

2001年,在生物多样性公约缔约国大会上,通过了《卡塔赫纳生物安全议定书》,是第一个关于有活性基因修饰生物进出口转移的全球性协定。

15. 国际植物保护公约涉及转基因有什么相关文件?

国际植物保护公约是联合国粮农组织通过的一个植物保护的多边国际协议。2004 年，国际植物保护公约植物检疫措施委员会制定《植物生物风险防范纲要》，主要用于判断改性生物体是否含有对植物有害的物质，以决定是否允许出口或进口。该纲要的标准还适用于其他对植物有潜在危害的转基因生物体，如昆虫、真菌和细菌等。

三、美国的转基因产品管理法规

16. 美国转基因食品监管遵循的原则是什么？

科学原则，实质等同原则。

非转基因玉米　　转基因玉米

美国转基因食品监管遵循科学原则和实质等同原则，将转基因农产品纳入现有法律框架之下进行管理。

科学原则就是以科学的态度和方法，利用国际通行的科学技术手段研究、分析和评价转基因生物可能造成的潜在风险，确定其安全等级和监控措施。

实质等同原则是指将转基因食品与非转基因食品进行比较，在营养成分、毒性、过敏性等方面没有差异的，就认为两者具有实质等同性，不存在安全性问题。

17. 美国转基因生物技术管理的政策与法律法规有哪些?

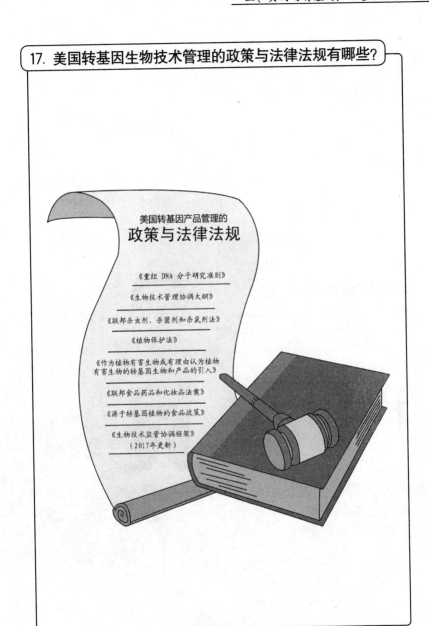

美国转基因产品管理的
政策与法律法规

《重组 DNA 分子研究准则》

《生物技术管理协调大纲》

《联邦杀虫剂、杀菌剂和杀鼠剂法》

《植物保护法》

《作为植物有害生物或有理由认为植物有害生物的转基因生物和产品的引入》

《联邦食品药品和化妆品法案》

《源于转基因植物的食品政策》

《生物技术监管协调框架》
(2017年更新)

18. 美国转基因相关管理机构都有哪些?

农业部
负责转基因生物的农业和环境安全管理，防止其成为有害生物

食品药品监督管理局
负责转基因生物的食用安全和饲用安全

环保署
负责用作杀虫剂的转基因生物的安全管理

农业部

19. 美国转基因产品管理的程序是什么?

在美国,一项新开发的转基因生物要想取得商业化应用的许可,根据转基因生物特性的不同,需要取得美国农业部、环保署的批准。从环境释放试验开始,研发企业需要向农业部提交转基因生物试验资料,接受农业部和地方农业部门的监管,涉及杀虫剂的,需要向美国环保署提交申请并接受其监管。如果转基因生物是用作食品和饲料的,企业还会向美国食品药品监督管理局进行食品安全的咨询,获得食品药品监督管理局的同意后企业才会投入商业化应用。

20. 美国转基因食品有标识吗?

一直以来,美国对转基因食品实行自愿标识制度,2016 年 7 月美国国会通过了《国家生物工程食品信息披露标准》,规定对转基因食品进行强制标识,标志着美国由转基因食品自愿标识转变为强制标识。

标识方法主要有三种,一种是文字,一种是符号,还有一种是电子或者数字链接(如二维码)。目前,该标准尚未正式实施。

21. 美国有非转基因食品的标签/标识吗？

美国对食品标签的基本要求是标签应当反映真实信息，这一要求同样适用于转基因食品标识。美国对能够确保采用非转基因原料生产的食品，允许使用非转基因标识。美国标签管理部门会进行抽检，核查食品是否与标签标注信息一致，不一致的会被追究相应法律责任，还可能会被消费者起诉。

22. 为什么美国 2017 年要更新《生物技术监管协调框架》?

保护健康和环境

减少抑制创新发明的
不合理的法律规定

减少打压新技术或者
制造贸易障碍的不合
理的法律规定

2017年生物技术协调
合作框架法规
最后修改版

　　美国2017年更新《生物技术监管协调框架》是为了在保护健康和环境的同时，减少抑制创新发明、打压新技术或者制造贸易障碍的不合理的法律规定。

23. 2017 年更新的美国《生物技术监管协调框架》主要内容是什么？

2017年更新的美国
《生物技术监管协调框架》
主要内容是什么？

　　厘清美国环保署、食品药品监督管理局和农业部在生物技术产品法规监管体系中的作用和责任，为今后生物技术的审批监管流程建立联邦法律体系奠定基础，以确保对未来的生物技术产品风险评估的有效性。

四、欧盟的转基因产品管理法规

24. 欧盟转基因安全管理遵循什么原则？

转基因产品

欧盟在对待转基因产品的问题上，采用的是"预防原则"，即对于一些潜在的威胁或不可逆的危害，即使缺乏充分的科学证据，也应该采取有效措施来预防。

25. 欧盟转基因管理有哪些法律法规?

26. 欧盟转基因相关管理机构有哪些?

（1）欧洲食品安全局负责评估所有在欧洲地区的转基因生物技术产品的安全性，为决定是否允许该产品进入欧盟市场提供科学依据。

（2）欧盟各成员国管理机构依据本国法律开展安全监管。

27. 欧盟转基因管理程序是什么?

生物安全评价申请　　　　专家进行风险评估

会议决策

　　转基因生物研发单位提出转基因生物安全评价申请,欧洲食品安全局组织专家进行风险评估,需要开展环境释放试验的,由成员国政府提出初步审查意见,并负责监管。欧洲食品安全局作出风险评估科学结论,由欧盟委员会和成员国代表会议决策,决定是否允许商业化应用。

28. 欧盟转基因食品需要标签/标识吗？

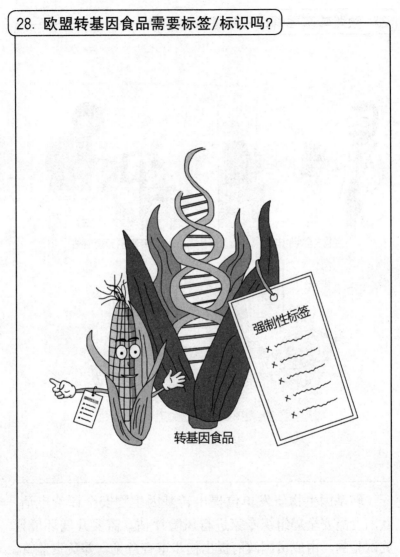

转基因食品

欧盟对转基因食品的标签是强制性的，按照 0.9% 阈值实行强制标识。

五、日本转基因政策法规

29. 日本有哪些转基因管理的法律法规？

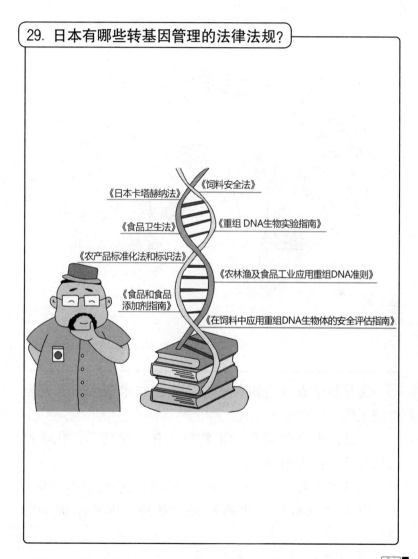

30. 日本转基因相关管理机构有哪些？

　　文部科学省负责审批实验室生物技术研究与开发阶段的工作。

　　经济产业省负责推动生物技术在化学药品、化学产品和化肥生产方面的应用。

　　农林水产省主要负责审批重组生物向环境中的释放。

　　厚生劳动省负责审批药品、食品、食品添加剂的使用。

31. 日本转基因管理程序是什么？

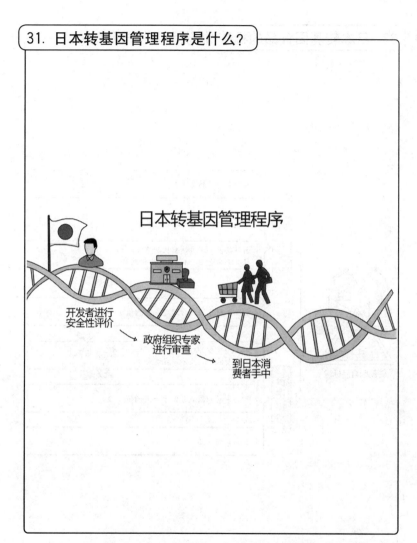

日本转基因管理程序

开发者进行
安全性评价

政府组织专家
进行审查

到日本消
费者手中

开发者先进行安全性评价，然后政府组织专家进行审查，确认其安全性。只有确认了安全性的才能实现商品化，没有经过安全评估的，禁止进口或在日本销售。

32. 日本转基因食品的标签/标识是怎样规定的？

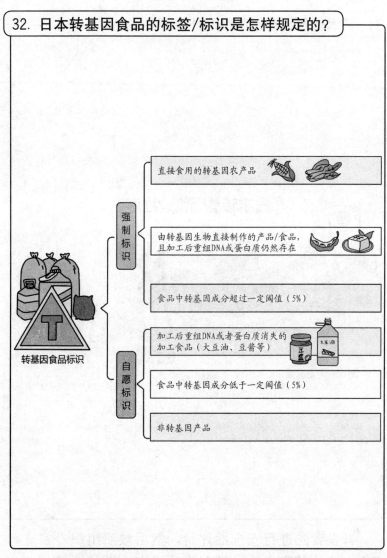

直接食用的转基因农产品

由转基因生物直接制作的产品/食品，且加工后重组DNA或蛋白质仍然存在

食品中转基因成分超过一定阈值（5%）

加工后重组DNA或者蛋白质消失的加工食品（大豆油、豆酱等）

食品中转基因成分低于一定阈值（5%）

非转基因产品

强制标识

自愿标识

转基因食品标识

　　日本采取强制标识和自愿标识共存的制度，强制标识阈值为5%。

六、其他国家的转基因管理

33. 澳大利亚和新西兰对转基因是如何管理的？

　　澳大利亚及新西兰的转基因食品管理是由澳洲新西兰食品管理局执行。所有在澳大利亚和新西兰出售的转基因食品必须经过澳洲新西兰食品管理局的安全评价，否则不允许其上市，上市销售的转基因食品必须明确标识。

34. 韩国对转基因是如何管理的？

韩国农林部依据《转基因农产品的环境安全评价办法》确认转基因作物与常规作物在环境安全性上没有差别，则允许进行环境释放。

韩国食品与药品管理局依据《转基因食品安全评价办法》在科学的数据基础之上，充分考虑到对人体安全的影响，决定是否允许上市。

韩国对转基因农产品和食品实行强制标识制度。

35. 印度对转基因是如何管理的?

印度环境与森林部根据《环境保护法案》《危险微生物、转基因生物或细胞的生产、应用、进出口和贮藏细则》,负责转基因生物田间试验、商业化生产以及进口的安全审批。

印度科技部生物技术局和其他相关管理部门负责制定转基因相关指南,并对在研转基因项目进行监管,先后发布了《重组 DNA 安全指南》《转基因食品安全评价指南》和《转基因食品和饲料安全性评价程序》等 8 项指南。

七、我国转基因政策法规概况

36. 我国现行农业转基因管理法规体系如何构成?

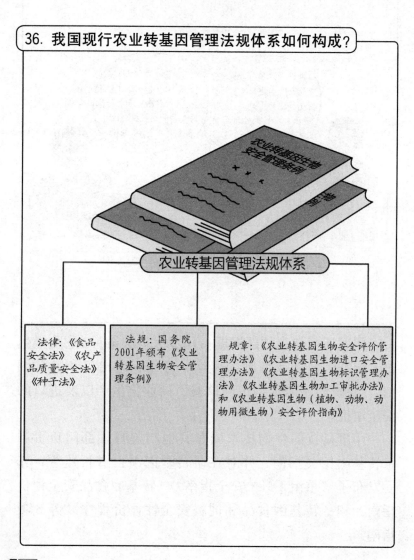

农业转基因管理法规体系

法律:《食品安全法》《农产品质量安全法》《种子法》

法规:国务院2001年颁布《农业转基因生物安全管理条例》

规章:《农业转基因生物安全评价管理办法》《农业转基因生物进口安全管理办法》《农业转基因生物标识管理办法》《农业转基因生物加工审批办法》和《农业转基因生物(植物、动物、动物用微生物)安全评价指南》

37. 农业转基因生物安全管理范围有哪些?

　　根据《农业转基因生物安全管理条例》(简称《条例》)规定,我国对在中国境内开展的农业转基因生物的研究、试验、生产、加工、经营和进出口活动,进行全过程管理。

38. 我国现行农业转基因生物安全管理体系如何构成？

我国农业转基因生物安全管理体系！

建立了部际联席会议，负责研究、协商农业转基因生物安全管理工作中的重大问题

国务院

负责全国农业转基因生物安全的监督管理工作

农业农村部

负责本行政区域内的农业转基因生物安全监督管理工作

县级及以上地方农业行政主管部门

39. 部际联席会议由哪些部门组成？

　　农业转基因生物安全管理部际联席会议制度由农业、科技、环境保护、卫生、外经贸、检验检疫等有关部门组成。

40. 农业转基因生物安全管理的基本制度有哪些?

　　农业转基因生物安全管理的基本制度包括安全评价、生产许可、加工许可、经营许可、产品标识、进口审批。

41. 农业转基因作物从实验研究到生产应用的总体流程是什么?

安全评价 → 申请安全证书 → 品种管理程序审定 → 申请种子生产经营许可

八、我国农业转基因生物安全评价管理概述

42. 我国如何对农业转基因生物进行安全评价管理？

　　转基因生物需要经过多阶段的安全评价。完成相关试验，申请安全证书的单位向农业农村部提交申请材料，农业农村部委托具备检测条件和能力的技术检测机构进行检测，经国家农业转基因生物安全委员会评价合格后，农业农村部批准发放转基因安全证书。

43. 国家农业转基因生物安全委员会由哪些人组成？

　　根据《条例》第九条的规定设立国家农业转基因生物安全委员会，负责农业转基因生物的安全评价工作。国家农业转基因生物安全委员会由国务院各部门推荐的、涵盖从事农业转基因生物环境安全、食用安全、营养、毒理、检验检疫、卫生、环境保护等方面的专家组成，每届任期5年。

44. 农业转基因生物安全评价应遵循哪些原则?

农业转基因生物安全评价应遵循科学原则、个案分析原则、分阶段原则、熟悉原则等。

45. 农业转基因生物安全评价分为哪几个阶段？

  现阶段，农业转基因生物安全评价按先后次序分为五个阶段，即实验研究、中间试验、环境释放、生产性试验、安全证书。

46. 农业转基因生物安全评价管理方式有哪几种？

　　农业转基因生物安全评价管理实行报告制和审批制两种方式。

47. 报告制安全评价管理适用于哪些情况？

符合以下两种情况时，应在开展研究或试验前向农业农村部报告：

（1）从事农业转基因生物安全性分别管理的实验室研究。

（2）所有等级的实验室研究结束后，需要转入中间试验阶段的。

其他在国内从事农业转基因生物安全等级为Ⅰ或Ⅱ的实验研究，应由本单位农业转基因生物安全小组批准。

48. 审批制安全评价管理适用于哪些情况?

在符合两种情况时,应在开展试验前向农业农村部提出申请,获得批准后方可实施。

符合以下两种情况时,应在开展试验前向农业农村部提出申请,获得批准后方可实施:

(1)国内单位开展的研究试验等活动从环境释放开始需要审批。

(2)从国外进口农业转基因生物用于研究与试验、生产和加工的,需要审批。外贸、中外合资或合作的研发单位开展的所有试验均需审批。

49. 主要转基因农作物田间试验隔离距离为多少米？

　　我国规定主要转基因农作物田间试验隔离距离见下表。

主要转基因农作物田间试验隔离距离

作物名称	隔离距离（米）	备　　注
水稻	100	
小麦	100	或花期隔离20天以上
大麦	100	或花期隔离20天以上
芸薹属	1 000	
棉花	150	或花期隔离20天以上
玉米	300	或花期隔离25天以上
大豆	100	—

50. 从事农业转基因生物研究与试验的单位应具备哪些条件?

具备以下条件

1. 有专门的安全管理机构
2. 有与安全管理需要相适应的管理制度，定期进行安全检查，并要有详细的检查记录表。
3. 有与安全管理需要相适应的安全设施和措施。
4. 有与安全管理需要相适应的专业人员。
5. 有与安全管理需要相适应的研究和试验场所。
6. 有与安全评价试验所需的安全设施和控制措施。
   开展转基因生物研究与试验的单位需要相适应的安全条件；开展转基因生物试验，需按照批准文件开展试验。

九、我国转基因植物安全评价主要内容

51. 现阶段我国转基因动植物安全评价的指南是什么？

52. 农业转基因植物安全评价的适用范围是什么？

用于农业生产或农产品加工的植物及其产品

　　农业转基因植物是指利用基因工程技术改变基因组构成获得的用于农业生产或者农产品加工的植物及其产品。

53. 转基因植物安全评价的主要研究内容是什么？

　　根据《转基因植物安全评价指南》主要评价分子特征、遗传稳定性、环境安全和食用安全。

54. 分子特征评价的主要内容是什么？

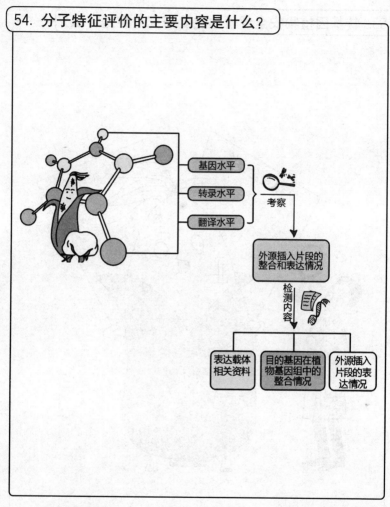

　　分子特征评价，是从基因水平、转录水平和翻译水平考察外源插入片段的整合和表达情况。主要检测内容包括表达载体相关资料、目的基因在植物基因组中的整合情况、外源插入片段的表达情况三个方面。

55. 遗传稳定性评价的主要内容是什么？

　　主要评价转基因植物代际间目的基因整合与表达情况，包括目的基因整合的稳定性、目的基因表达的稳定性、目标性状表现的稳定性三个方面。

56. 环境安全评价的主要内容是什么？

　　环境安全主要评价生存竞争能力、基因漂移的环境影响、转基因植物的功能效率评价、转基因植物对非靶标生物的影响、对植物生态系统群落结构和有害生物地位演化的影响、靶标生物的抗性风险六部分内容。

57. 食用安全评价的主要内容是什么?

我们是安全的

食用安全评价包括

①毒理学评价

②致敏性评价

③关键成分分析

④全食品安全性评价

⑤营养学评价

⑥生产加工对安全性影响的评价

⑦按个案分析的原则需要进行的其他安全性评价

非转基因植物   转基因植物

　　主要内容包括新表达物质毒理学评价、致敏性评价、关键成分分析、全食品安全性评价、营养学评价、生产加工对安全性影响的评价、按个案分析的原则需要进行的其他安全性评价七个方面。

十、我国转基因动物安全评价主要内容

58. 转基因动物安全评价的适用范围是什么？

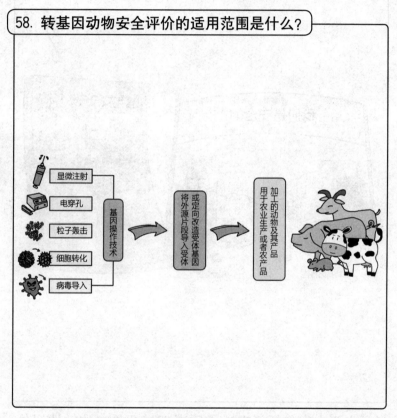

显微注射
电穿孔
粒子轰击
细胞转化
病毒导入

基因操作技术

将外源片段导入受体或定向改造受体基因

加工的动物及其产品用于农业生产或者农产品

转基因动物是指通过显微注射、电穿孔、粒子轰击、细胞转化、病毒导入等基因操作技术，将外源片段导入受体或定向改造受体基因得到的用于农业生产或者农产品加工的动物及其产品。

59. 转基因动物安全评价的主要研究内容是什么？

　　根据《转基因动物安全评价指南》，转基因动物安全评价主要包括分子特征、遗传稳定性、健康状况、功能效率评价、环境适应性、转基因动物逃逸（释放）及其对环境的影响、食用安全等方面内容。

60. 分子特征评价的主要内容是什么？

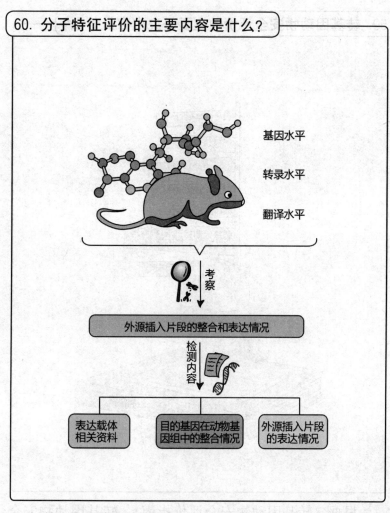

基因水平

转录水平

翻译水平

考察

外源插入片段的整合和表达情况

检测内容

| 表达载体相关资料 | 目的基因在动物基因组中的整合情况 | 外源插入片段的表达情况 |

　　分子特征评价是从基因水平、转录水平和翻译水平考察外源插入片段的整合和表达情况。主要检测内容包括表达载体相关资料、目的基因在动物基因组中的整合情况、外源插入片段的表达情况三个方面。

61. 遗传稳定性评价的主要内容是什么?

基因整合的稳定性

目的基因表达的稳定性

目标性状表现的稳定性

　　主要考察转基因动物世代之间目的基因的整合与表达情况,包括目的基因整合的稳定性、目的基因表达的稳定性、目标性状表现的稳定性三个方面。

62. 健康状况评价的主要内容是什么？

行为（精神、反应、采食）外貌特征（头、体表器官、毛色、皮肤、肢体、关节、体尺等）

一般指标

其他指标

根据转基因动物与外源基因的特点确定适合的特异性指标

生理学指标

常规生理指标、血液指标、生化指标等，必要时提供解剖学指标

一般指标：行为（精神、反应、采食），外貌特征（头、体表器官、毛色、皮肤、肢体、关节、体尺等）。

生理学指标：常规生理指标、血液指标、生化指标等，必要时提供解剖学指标。

其他指标：根据转基因动物与外源基因的特点确定适合的特异性指标。

63. 功能效率评价的主要内容是什么？

　　提供常规条件下转基因动物目标性状有效性的试验数据，对于为人类提供产品的转基因动物还应提供产肉（瘦肉率、背膘厚、肌内脂肪等）、产奶（产奶量、奶品质）、产蛋（蛋产量、蛋品质）、产毛（毛产量、毛品质）等生产性能的试验数据。

64. 环境适应性评价的主要内容是什么？

　　常规饲养条件下的存活能力、生长发育速度、繁殖能力、对疾病的抵抗能力、对温度湿度等物理因素的适应能力。

65. 转基因动物逃逸（释放）及其对环境的影响评价的主要内容是什么？

转基因动物逃逸的可能性。

逃逸后可能进入生态环境的状况、适应性、存活的可能性。

逃逸后在自然环境中繁殖的可能性。

逃逸（释放）对环境的影响。

66. 转基因动物食用安全评价的主要内容是什么?

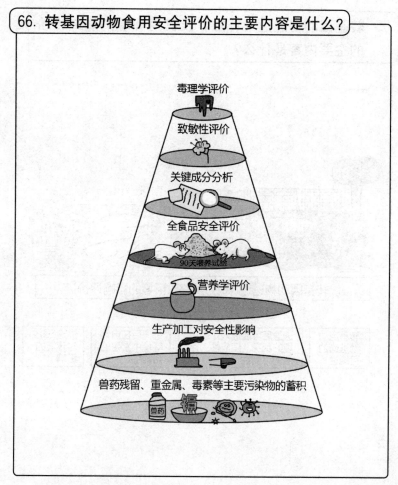

　　转基因动物食用安全评价的主要内容包括表达产物毒理学评价、致敏性评价、关键成分分析、全食品安全评价（大鼠90天喂养试验资料）、营养学评价、生产加工对安全性影响，以及兽药残留、重金属、毒素等主要污染物的蓄积。

十一、动物用转基因微生物安全评价主要内容

67. 动物用转基因微生物安全评价的适用范围是什么？

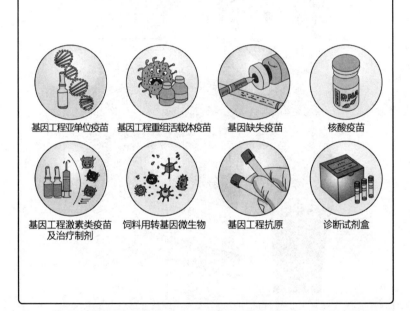

基因工程亚单位疫苗　基因工程重组活载体疫苗　基因缺失疫苗　核酸疫苗

基因工程激素类疫苗及治疗制剂　饲料用转基因微生物　基因工程抗原　诊断试剂盒

　　动物用转基因微生物，是指利用基因工程技术改变基因组构成，在农业生产或者农产品加工中用于动物的重组微生物及其产品。动物用转基因微生物主要分为基因工程亚单位疫苗、基因工程重组活载体疫苗、基因缺失疫苗、核酸疫苗、基因工程激素类疫苗及治疗制剂、饲料用转基因微生物、基因工程抗原与诊断试剂盒等。

68. 动物用转基因微生物安全评价的主要研究内容是什么?

　　根据《动物用转基因微生物安全评价指南》,动物用转基因微生物安全评价主要包括分子特征、遗传稳定性、转基因微生物的生物学特性、转基因微生物对动物的安全性、转基因微生物对人类的安全性、转基因微生物对生态环境的安全性。

69. 动物用转基因微生物分子特征评价的主要内容是什么?

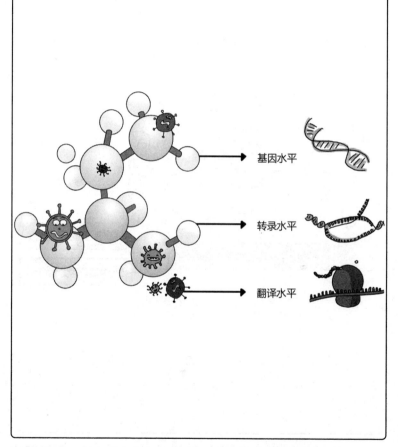

基因水平

转录水平

翻译水平

　　分子特征评价主要内容包括表达载体相关资料、目的基因在微生物基因组中的插入或缺失情况以及目的基因在微生物体中的表达情况。

70. 动物用转基因微生物遗传稳定性评价的主要内容是什么？

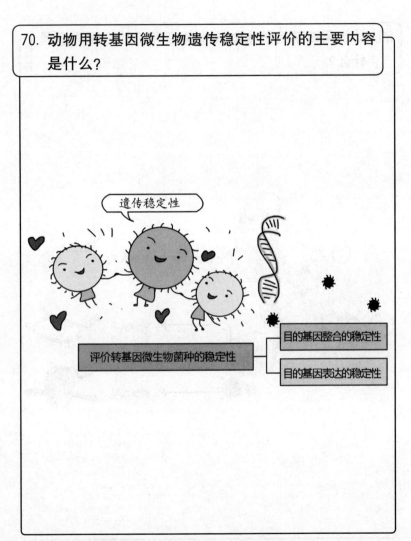

遗传稳定性

评价转基因微生物菌种的稳定性

目的基因整合的稳定性

目的基因表达的稳定性

　　评价转基因微生物菌种的遗传稳定性和目的基因在转基因微生物中表达的稳定性，包括目的基因整合的稳定性、目的基因表达的稳定性。

71. 动物用转基因微生物的生物学特性评价的主要内容是什么？

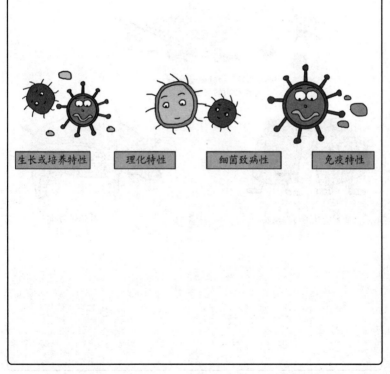

生长或培养特性　　理化特性　　细菌致病性　　免疫特性

　　转基因微生物的生长或培养特性、理化特性、细菌致病性与免疫特性。

72. 动物用转基因微生物对动物的安全性评价的主要内容是什么?

转基因微生物对靶动物和
非靶动物的安全性

高剂量使用对靶动物
的安全性

对妊娠动物
的安全性

　　转基因微生物对靶动物和非靶动物的安全性、高剂
量使用对靶动物的安全性以及对妊娠动物的安全性。

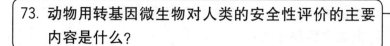

73. 动物用转基因微生物对人类的安全性评价的主要
内容是什么?

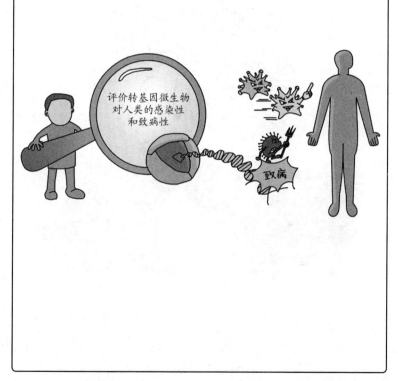

　　评价转基因微生物对人类的感染性和致病性,涉及
人兽共患病病原应提供在历史上有无对人类感染或致病
记录,必要时应提供人体细胞、特定模型动物和灵长类
动物的感染性试验报告。

74. 动物用转基因微生物对生态环境的安全性评价的主要内容是什么?

    评价转基因微生物在应用环境中的存活情况,在靶动物之间的水平和垂直传播能力,与其他相近微生物发生遗传重组的可能性以及对动物体内正常菌群和环境微生物的影响。

十二、我国转基因生物标识 管理办法概述

75. 我国为什么实行农业转基因生物产品标识制度？

　　保障消费者的知情权和选择权，保证真实性，防止误导消费者，同时也规范农业转基因产品的销售行为，将转基因生物产品生产消费置于公众的监督之下。

76. 哪些农业转基因生物在销售时需要标识?

第一批标识目录

| 大豆 | 玉米 | 油菜 | 棉花 | 番茄 |

我国转基因生物实行目录标识制。凡是列入标识管理目录并用于销售的农业转基因生物,应当进行标识;未标识的不得进口或销售。实施标识管理的农业转基因生物目录由农业农村部有关部门制定、调整和公布。第一批标识目录包括大豆、玉米、油菜、棉花、番茄5类作物的17种产品:

大豆种子、大豆、大豆粉、大豆油、豆粕;

玉米种子、玉米、玉米油、玉米粉;

油菜种子、油菜籽、油菜籽油、油菜籽粕;

棉花种子;

番茄种子、鲜番茄、番茄酱。

目前,市场上没有转基因番茄种子、鲜番茄及番茄酱等产品。

77. 农业转基因生物由谁负责标识？

列入农业转基因生物标识目录的农业转基因生物，由生产、分装单位和个人负责标识；经营单位和个人拆开原包装进行销售的，应当重新标识。

78. 如何对农业转基因生物进行标识？

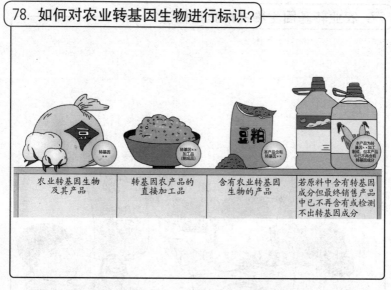

| 农业转基因生物及其产品 | 转基因农产品的直接加工品 | 含有农业转基因生物的产品 | 若原料中含有转基因成分但最终销售产品中已不再含有或检测不出转基因成分 |

标识应当使用规范的中文汉字进行标注，标识的方式包括：

（1）农业转基因生物及其产品，直接标注"转基因××"。

（2）转基因农产品的直接加工品，标注为"转基因××加工品（制成品）"或者"加工原料为转基因××"。

（3）含有农业转基因生物的产品，标注为"本产品含有转基因××"或者"加工原料中有转基因××"。

（4）若原料中含有转基因成分，但最终销售产品中已不再含有或检测不出转基因成分，标注为"本产品为转基因××加工制成，但本产品中已不再含有转基因成分"或者"本产品加工原料中有转基因××，但本产品中已不再含有转基因成分"。

79. 农业转基因生物的标识监督管理由谁负责？

县级以上农业行政主管部门

原国家质检总局

本行政区域内的农业转基因生物标识的监督管理工作

进口农业转基因生物在口岸的标识检查验证工作

　　县级以上农业行政主管部门负责本行政区域内的农业转基因生物标识的监督管理工作。原国家质检总局负责进口农业转基因生物在口岸的标识检查验证工作。

十三、我国农业转基因生物加工审批办法概述

80. 为什么要实行农业转基因生物的生产许可和经营许可制度？

　　规范农业转基因生物的生产销售行为，保证合法的生产和销售，防止违法转基因生物流入市场。

81. 哪些农业转基因生物的生产、经营需要申请许可证?

　　生产和经营转基因植物种子、种畜禽、水产苗种,应当取得种子、种畜禽、水产苗种生产许可证和经营许可证。

82. 农业转基因生物加工许可证由谁负责颁发？

　　开展转基因生物加工活动的单位需要向加工所在地省级农业部门提出申请，由省级农业行政主管部门负责颁发农业转基因生物加工许可证（简称"加工许可证"）。

83. 从事农业转基因生物加工的单位和个人应当具备哪些条件？

　　从事农业转基因生物加工的单位和个人除符合有关法律、法规规定的设立条件外，还应具备以下条件。

与加工农业转基因生物相适应的
专用生产线和封闭式仓储设施

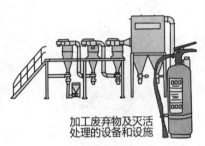

加工废弃物及灭活
处理的设备和设施

农业转基因生物与非转基因生物
原料加工转换污染处理控制措施

完善的农业转基因生物
加工安全管理制度

84. 申请加工许可证时应提供哪些材料？

　　申请加工许可证时，应当向省级农业行政主管部门提供以下材料：

　　（1）农业转基因生物加工许可证申请表。

　　（2）农业转基因生物加工安全管理制度文本。

　　（3）农业转基因生物安全管理小组人员名单和专业知识、学历证明。

　　（4）农业转基因生物安全法规和加工安全知识培训记录。

　　（5）农业转基因生物产品标识样本。

　　（6）加工原料的农业转基因生物安全证书复印件。

85. 加工许可证有效期限多长，什么情况下应重新申请或换发加工许可证？

加工许可证有效期为 3 年。期满后需要继续从事加工的，持证单位和个人应当在期满前 6 个月，重新申请。

从事农业转基因生物加工的单位和个人变更名称的、超出原加工许可证规定的加工范围的以及改变生产地址的，包括异地生产和设立分厂，应当申请换发加工许可证。

86. 申请农业转基因生物经营许可证应具备哪些条件？

有专门的管理人员
和经营档案

有相应的安全管理、
防范措施

农业农村部规定的
其他条件

申请转基因植物种子、种畜禽、水产苗种经营许可证的单位和个人，除符合有关法律、行政法规规定的条件外，还应当符合下列条件：

（1）有专门的管理人员和经营档案。

（2）有相应的安全管理、防范措施。

（3）农业农村部规定的其他条件。

十四、我国农业转基因生物进口安全管理办法概述

87. 为什么要制定《农业转基因生物进口安全管理办法》?

　　为了加强对农业转基因生物进口的安全管理，根据《农业转基因生物安全管理条例》的有关规定，制定《农业转基因生物进口安全管理办法》。

88. 对于进口的农业转基因生物如何进行安全管理？

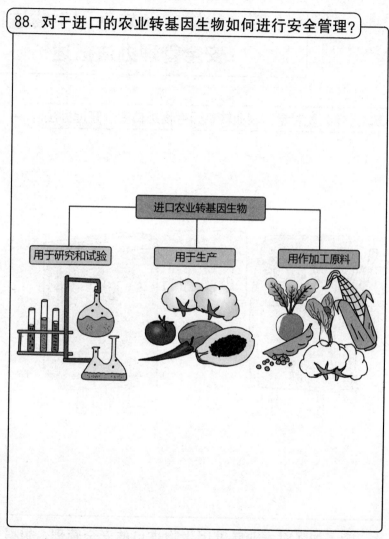

　　对于进口的农业转基因生物，按照用于研究和试验的、用于生产的以及用作加工原料的三种不同用途分别实行管理。

89. 申请进口农业转基因生物时，有哪些基本要求？

从我国境外引进农业转基因生物进行实验研究、试验、生产、加工的，引进单位必须向农业转基因生物安全管理办公室提出申请。

经审查合格后，颁发农业转基因生物进口批准文件，引进单位应当凭此批准文件依法向有关部门办理相关手续。

90. 引进农业转基因生物进行实验研究的，引进单位应提供哪些材料？

（1）农业农村部规定的申请资格文件。

（2）进口安全管理登记表。

（3）引进农业转基因生物在国（境）外已经进行了相应的研究的证明文件。

（4）引进单位在引进过程中拟采取的安全防范措施。

（5）《农业转基因生物安全评价管理办法》规定的相应阶段所需的材料。

目前，我国进口的转基因农产品均用作加工原料。

91. 境外公司向我国出口农业转基因生物用于生产应
　　用的，应当提供哪些材料？

　　（1）进口安全管理登记表。

　　（2）输出国家或者地区已经允许作为相应用途并投
放市场的证明文件。

　　（3）输出国家或者地区经过科学试验证明对人类、
动植物、微生物和生态环境无害的资料。

　　（4）境外公司在向中华人民共和国出口过程中拟采
取的安全防范措施。

　　（5）《农业转基因生物安全评价管理办法》规定的相
应阶段所需的材料。

92. 境外公司向我国出口农业转基因生物用作加工原料的，应当提供哪些材料？

（1）进口安全管理登记表。

（2）安全评价申报书。

（3）输出国家或者地区已经允许作为相应用途并投放市场的证明文件。

（4）输出国家或者地区经过科学试验证明对人类、动植物、微生物和生态环境无害的资料。

（5）农业农村部委托的技术检测机构出具的对人类、动植物、微生物和生态环境安全性的检测报告。

（6）境外公司在向中华人民共和国出口过程中拟采取的安全防范措施。

目前，我国进口的转基因农产品均用作加工原料。

93. 办理农业转基因生物进口申请手续时，应提供哪些材料？

同一公司、同一农业转基因生物申请获得批准后，再次向我国提出进口申请时提供以下材料：

（1）进口安全管理登记表。

（2）农业农村部首次颁发的农业转基因生物安全证书复印件。

（3）境外公司在向中华人民共和国出口过程中拟采取的安全防范措施。

94. 若进口用作加工原料的农业转基因生物具有生命活力，应采取哪些措施？

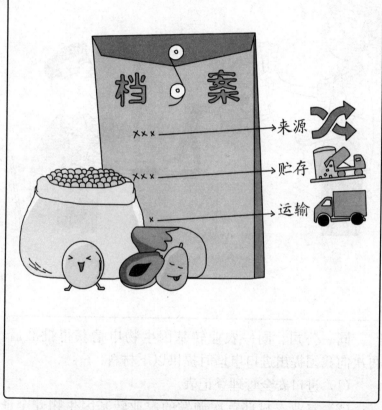

　　应当建立进口档案，载明其来源、贮存、运输等内容，并采取与农业转基因生物相适应的安全控制措施，确保农业转基因生物不进入环境。

95. 若进口农业转基因生物没有国务院农业行政主管部门颁发的农业转基因生物安全证书和相关批准文件的，或者与证书、批准文件不符的，应采取哪些措施？

作退货或者销毁处理。

图书在版编目（CIP）数据

农业转基因科普知识百问百答.政策法规篇／农业农村部农业转基因安全管理办公室编.—北京：中国农业出版社，2017.12

ISBN 978-7-109-23528-1

Ⅰ.①农… Ⅱ.①农… Ⅲ.①作物－转基因技术－问题解答②作物－转基因技术－农业政策－中国－问题解答③作物－转基因技术－法规－中国－问题解答 Ⅳ.①S33-44②F320-44③D922.405

中国版本图书馆CIP数据核字（2017）第279427号

中国农业出版社出版

（北京市朝阳区麦子店街18号楼）

（邮政编码100125）

责任编辑 张丽四 路维伟

北京通州皇家印刷厂印刷　　新华书店北京发行所发行

2017年12月第1版　2017年12月北京第1次印刷

开本：889mm×1194mm 1/32 印张：3.375

字数：100千字

定价：18.00元

（凡本版图书出现印刷、装订错误，请向出版社发行部调换）